Peter Gpayman

МОИ СЧАСТЛИВЫЕ ПЧЕЛЫ

Простые и эффективные методы моего практического пчеловодства

Как я сделал пчел счастливыми

COPYRIGHT

This book was first published in 2018.

Copyright © 2018 by Peter Grayman

All rights reserved

Cover Art by Peter Grayman

Photo by Peter Grayman

Translated by Peter Grayman

No part of this book may be copied or reproduced in any form without the express written permission of the publisher. This book is licensed only for your personal use. For information contact: pg_pubn@yahoo.com

Эта книга лицензируется только для вашего личного удовольствия. Эту книгу нельзя перепродавать или отдавать другим людям. Если вы хотите поделиться этой книгой с другим человеком, пожалуйста, приобретите дополнительную копию для каждого получателя

Спасибо за уважение к работе этого автора.

DISCLAIMER

This book is provided for informational purposes only. This book, not the textbook and not scientific work. In this book, the author in an art form has stated the original practical approaches and non-standard views, on some questions of house beekeeping.

You should understand that this book presents author's practical experience, not professional advice for use. You and only you are fully responsible for the use and application of the information outlined in this book.

Under no circumstances will the author be liable to any party for any direct, indirect, special or other indirect damage because of any use of the information set forth in this book.

PHOTO DISCLAIMER

All models and photographs are for illustrative purposes only

С уважением и любовью, посвящаю эту книгу моему дорогому отцу - учителю и другу.

БЛАГОДАРНОСТИ

Этой книги не было бы без моей любимой жены Гузель. Ее непревзойденные вкусности придавали мне силы и творческое вдохновение.

Я искренне благодарю своего сына Антона, который своим пристальным вниманием помогал мне в работе по совершенствованию текста и содержания этой книги.

Я благодарен своему товарищу Андрею, за его энтузиазм и активную действенную позицию. Благодаря Андрею, мой книжный проект сдвинулся с места.

Я благодарен своему товарищу Алексею за искреннюю и действенную материальную поддержку моего проекта. Спасибо дружище, еще и за моральную поддержку, которая наполняла сердце уверенностью и верой в успех начатого дела.

Всем людям, которые вложили в эту книгу часть своей души, и читателям, которые прочтут ее до конца: большая и искренняя благодарность!

СОДЕРЖАНИЕ

ПРЕДИСЛОВИЕ 7
НЕОБХОДИМЫЕ ПОЯСНЕНИЯ АВТОРА 9
КАК СДЕЛАТЬ ПЧЕЛ СЧАСТЛИВЫМИ? 15
КАК Я ИЗМЕНИЛ КАЧЕСТВО ЖИЗНИ ПЧЕЛ? 21
   Какие цвета я использовал?... 22
   Какую краску я применил?.. 22
   Как я усовершенствовал краску и для чего?............... 24
КАК И ГДЕ Я ПОСТАВИЛ УЛЬИ? 29
   Установка ульев по компасу. 29
   Ульи под кронами деревьев 32
   Практические советы для экспериментов................. 41
ИЗВЛЕЧЕНИЕ МЕДА 45
   Необходимое предисловие.. 45
   Мой метод извлечения меда 49
ПОЧЕМУ ПЧЕЛЫ РОЯТСЯ? 57
КОРМ ДЛЯ СЧАСТЛИВЫХ ПЧЕЛ 63
   Моя технология приготовления корма. 63
   Краткие пояснения технологии 65
БЫСТРЫЙ ПЕРЕНОС УЛЬЕВ 69
ПРОСТАЯ И УДОБНАЯ ПОИЛКА 73
ОШИБКА СТАРОГО ПЧЕЛОВОДА 75
ЗАКЛЮЧИТЕЛЬНЫЕ ОБОБЩЕНИЯ 79
ПОСЛЕСЛОВИЕ 83
О АВТОРЕ 85
Литература 87

Моя счастливая пчелка усовершенствует Мир

ПРЕДИСЛОВИЕ

Здравствуйте, мои дорогие читатели. Меня зовут Peter Grayman, я пчеловод и у меня живут счастливые пчелы. Мне приятно осознавать тот факт, что мои счастливые пчелы, делают окружающий мир более совершенным и более счастливым.

Ощущение причастности к пчелиной магии, которая наполняет мир любовью и гармонией, дает моему сердцу радостью Жизни.

В этой книге я делюсь с Вами своими простыми и эффективными методами пчеловодства. Подробно, с примерами и фотографиями, рассказываю о том, как мне удалось осчастливить своих пчел. Мои подходы и приемы общения с пчелами мне кажутся универсальными и поэтому, я решил их изложить в этой небольшой книге.

Я не ставил перед собой задачу по написанию фундаментального трактата по пчеловодству. Таких книг предостаточно. Я изложил лишь самые главные, на мой взгляд, аспекты моего опыта, которые помогли мне и моим пчелам обрести счастье бытия, а окружающий мир стал от этого теплее и гармоничнее.

Некоторые, описанные приемы, часто упускают из виду даже опытные пчеловоды, считая их второстепенными, а многие начинающие, даже и не задумываются над ними.

Все, о чем я пишу проверено на собственном опыте и имеет чрезвычайную важность для благополучия пчелиной семьи, независимо от того где и в каком домике живут пчелы.

Я буду счастлив, если мои практические находки окажутся полезными и принесут благополучие Вам и вашим пчелам. Чем больше счастливых пчел, тем больше гармонии и любви в нашем мире.

Давайте сделаем наших пчел счастливыми и будем радоваться вместе с ними песне любви и песне радости (song of love is a song of joy), пчелиной песне увеличения (Song of Increase).

Добро пожаловать к моим Счастливым пчелам.

Весенние красавицы

НЕОБХОДИМЫЕ ПОЯСНЕНИЯ АВТОРА

"Чтобы лучше в мире жилось!"
Слова из песни

Все, о чем я написал в этой небольшой книге – можно назвать копилкой моего опыта. Эти "открытия" не свалились мне с неба в один прекрасный день. Все они появлялись в моей копилке постепенно и были найдены в трудном опыте, в моих ошибках и провалах, в общении с другими пчеловодами, в учебниках и книгах по пчеловодству.

Я был знаком с пчелами с самого детства, так, как у моего отца была небольшая пасека. С ранних лет я был приобщен к работам на пасеке, однако особым рвением не отличался.

Что можно ожидать от десятилетнего мальчика, который думает не о пчелах, а о радио деталях и радиоприемниках. К слову, свой первый транзисторный радиоприемник, я собрал в 11 лет, а детекторный и того раньше.

Отец любил пчел, и все свое свободное время посвящал своим питомцам. Я же был у него просто помощником. Думаю, что хорошим помощником, хотя интересы мои лежали совсем в другой области.

После скорого ухода отца, пчелы оказались сиротами, и я был вынужден заняться работами на пасеке. Так неожиданно для себя, я ступил на путь пчеловодства. Этот ключевое момент для дальнейшего понимания всего того, что написано в этом разделе.

Такое положение дел сильно усложнило мою жизнь. К тому времени, я много знал из практики, но теоретических знаний у меня было мало.

Одно дело, когда вы постепенно развиваетесь, в пчеловодстве, и ваша пасека растет вместе с вашим опытом. Совсем другое дело, когда вам достается большое количество ульев сразу.

Я был похож на плохого пловца, которого бросили в воду далеко от берега. Не буду описывать все свои трудности, поражения и ошибки. Скажу кратко. С большим трудом я со своими пчелами не утонул.

В начале мне было трудно не только от того, что я многого не знал, но и от того, что я этим занимался вынужденно. Думаю, Вы меня понимаете.

Все Вы прекрасно знаете, что работа пчеловода хлопотная и складывается не только из процесса извлечении меда из ульев. Хотя, многие потребители меда думают именно так.

У меня бывали такие ситуации, когда необходимо было предпринять неотложные меры, а вот, как это сделать я не знаю. А делать надо. Откладывать нельзя. Знаний по этому случаю нет, опыта нет и спросить некого. Положение отчаянное. Наверняка, каждому пчеловоду, приходилось попадать в такую ситуацию.

Вот именно в такие моменты в моей голове возникал предательский вопрос, а зачем мне все это? Иногда опускались руки и хотелось все бросить и забыть. Однако, что-то удерживало меня от такого радикального шага.

Сейчас, когда я стал совсем седой, я понимаю, что именно добрая память о отце придавала мне силы в те трудные дни моего "плаванья" без спасательного круга

Шли годы. Приобретался опыт. Накапливались знания. Со временем, я почувствовал привязанность к уже своим пчелам, но вопрос: "Зачем я держу пчел?" не давал мне покоя. Мед, как стимул, меня не интересовал. Понятие ответственности перед делом моего отца, со временем актуальность утратило, так как пчелы уже стали моими.

Ответ был нужен мне, для определения целесообразности своего занятия. Мне хотелось найти важную причину, опираясь на которую, я бы мог продолжать пчеловодческую деятельность. Ведь в глубине души я не хотел бросать это благородное дело.

Уже и не припомню, как так случилось, что ответ появился в моей голове. Наверное, это произошло после того, как я принял решение держать пчел для того, чтобы в мире лучше жилось. А может быть, решение было принято на основании пришедшего ответа.

Эта находка, сразу все поставил на свои места. Я вздохнул с облегчением, у меня появилась цель, я нашел для себя смысл своей пчеловодческой деятельности.

Отныне я буду заниматься пчеловодством для того, чтобы в окружающей меня природе было больше гармонии и счастья. Чтобы в Мире лучше жилось.

Мои пчелы будут неустанно трудиться над этим, а я всеми своими силами и возможностями, в меру своих знаний и умений буду им в этом помогать.

С этого момента изменилось мое отношение к пчелам, и уверяю Вас, отношение моих пчел ко мне, стало значительно теплее и добрее. Вы и сами в этом убедитесь, дочитав книгу до конца.

Я сделал для своих пчел все, о чем я пишу ниже и, как мне кажется, они стали самыми счастливыми пчелами на всей планете Земля. Конечно же, не считая тех, которые живут вольной жизнью в природных условиях. Хотя, как сказать?

Я постарался сделать для своих пчел условия жизни не хуже, чем у диких пчел. При этом они имеют мою заботу и любовь, а дикие пчелы лишены такой заботы. Так что, кто счастливее дикие пчелы или мои, это спорный вопрос. Решать Вам.

Все это я изложил для полноты понимания того, о чем я пишу в этой книге, для понимания моего подхода к пчелам и окружающему миру.

А еще мне хотелось обратить Ваше внимание на то, что идея разведения пчел ради улучшения окружающей нас природы не лишена смысла и имеет право на существование.

Что Вы на это скажете? Мне лично такая идея по душе.

Вы можете смеяться, но я называю свою пасеку самой свободной пасекой в Мире. Я не беспокою их частыми осмотрами и регулярным извлечением меда. Мои пчелы живут в свое удовольствие, они счастливы и спокойно выполняют задачи по гармонизации окружающей природы.

Я же при этом, ощущаю удовлетворение от осознания причастности к пчелиной магии, которая наполняет мир любовью и гармонией жизни.

Сделайте своих пчел счастливыми, и они откроют Вам радость Жизни!

Тут все в норме – летим дальше

Дружная работа – вместе веселее

КАК СДЕЛАТЬ ПЧЕЛ СЧАСТЛИВЫМИ?

> "Если бы я знал, как сделать это, сделал бы прямо сейчас"

Для успешного ведения пчеловодческого хозяйства пчеловоду необходимо знать и разбираться во многих вопросах, связанных с пчелами и не только.

Пчеловод должен знать болезни пчел и методы лечения, разбираться в биологии и физиологии пчелиных особей в частности и пчелиной семьи в целом. Знать приемы и способы ухаживания за пчелами, живущими в ульях, уметь строить и ремонтировать свои ульи, знать, как и когда извлекать мед. И это вовсе не полный перечень всего того, что должен знать и уметь пчеловод.

Я не ставлю перед собой задачу освещать эти и другие вопросы практического пчеловодства. Лишь хочу подчеркнуть тот факт, что пчеловоду необходимо иметь прекрасную эрудицию. Все эти вопросы в той или иной степени изложены во множестве книг по пчеловодству.

Я же хочу обратить Ваше внимание, мои дорогие читатели, на весьма, казалось бы, простые и незначительные вопросы практического пчеловодства.

Эти вопросы часто упускают из виду многие пчеловоды, считая их второстепенными и не уделяют им должного внимания. Однако, из дальнейшего повествования Вы узнаете, что именно эти моменты являются основополагающими в вопросе счастья и благополучия пчелиной семьи.

Предлагаю на минуточку отвлечься. Давайте пофантазируем и ответим на вопрос: "Что нужно человеку для того чтобы прожить длинную и счастливую жизнь?".

Остановитесь, подумайте. Сосчитайте до десяти. Уверен, у Вас уже есть несколько ответов. Очень хорошо. Там ниже я отвечаю на этот вопрос. Вы сможете мысленно подискутировать со мной.

Если задать этот вопрос миллиону людей мы получим, не меньше, десяти миллионов ответов. Проанализировав их, мы сможем выделить множество общих ответов. Все они в той или иной степени будут важны и необходимы для ответа на поставленный вопрос.

Точно также, задав миллиону пчеловодов вопрос: "Как сделать пчел счастливыми?", мы и в этом случае получим, не меньше, миллиона разных ответов. И в этом случае, все они будут важны при ответе на наш главный вопрос.

Однако, как среди ответов на первый вопрос, так и среди ответов на второй, есть всего несколько фундаментальных, основополагающих ответов или условий. Без этих, на мой взгляд, важнейших условий человек не сможет прожить длинную и счастливую жизнь, а пчелы не смогут иметь полноту своего пчелиного счастья.

Я возьму на себя смелость и озвучу эти важнейшие варианты ответов на поставленные вопросы.

В первом случае, для того чтобы прожить длинную и счастливую жизнь, человеку необходимо и достаточно иметь: крепкое и здоровое тело, умную голову, в которой есть конкретные знания и чистую совесть.

Все остальные варианты ответов будут дополнением к этим трем. Не торопитесь опровергать мое утверждение, тем более, что оно не относится к предмету и теме пчелиного счастья напрямую, а только косвенно.

Что же касается второго вопроса, то тут все гораздо проще и одновременно сложнее. В идеале, подчеркиваю в идеале, чтобы сделать пчел счастливыми их необходимо вернуть в условия естественного, природного проживания. И оставить в покое. Все вопрос решен.

Однако, мы люди-пчеловоды не для того переселили пчел в ульи, чтобы теперь отправлять их обратно. А коль скоро дело обстоит так, что мы не хотим отправлять своих пчел обратно в леса и поля, то вывод напрашивается сам собой – нам необходимо: создать условия проживания пчел в наших ульях такие же, как в дуплах живых деревьев при этом по максимуму оставить их в покое.

Один мой знакомый, старый пчеловод, любил повторять: "Не беспокойте пчел, и они не будут беспокоить вас". Возможно, я передал его высказывание не совсем точно, однако правоту его слов я проверил среди своих пчел неоднократно.

Вот, я и ответил на поставленный вопрос о счастливых пчелах и озвучил два главных условия необходимых и достаточных для успешного и счастливого развития пчелиной семьи.

Все остальные мероприятия по уходу за пчелами, безусловно, не менее важны, чем эти два, однако все они без исключения есть не что иное, как важные дополнения к этим двум. Это мое глубокое убеждение, основанное на моей практике пчеловодства.

И так второе положение выполнить легко. Для этого пчеловоду надо уменьшить свое рвение и увеличить внимательность и наблюдательность.

Как выполнить первое положение? Как создать условия проживания пчел в наших ульях такие же, как в дуплах живых деревьев?

Для этого нам надо выделить, основные отличительные особенности этих жилищ. Почему пчелы в естественных условиях устраивают свои гнезда, главным образом, в дуплах живых деревьев? Попробуем в этом разобраться.

Причин для этого существует, очевидно, много. Я же сейчас перечислю самые важные и, на мой взгляд, основные:

- ✓ Пчелам легко в таком жилище поддерживать стабильный климат в любое время года.
- ✓ Живое дерево предоставляет пчелам защиту от чрезмерного тепла и холода.
- ✓ Живое дерево "дышит", и этот естественный процесс газового обмена непринужденно

помогает пчелам избавляться от избытка углекислого газа и влажного воздуха.
- ✓ Семья пчел в объеме дупла защищена от воздействия электрических полей дважды. Древесина вокруг дупла экранирует природное электрическое поле Земли [1,2,3,4,5], а кроны деревьев, заряженные отрицательным зарядом, защищают пространство леса и пчел в дупле от атмосферного электричества [2,3,4,5].

Из этого перечня ясно видно, чего мы лишили своих пчел, переселив их в ульи из диэлектрических материалов – сухого дерева или пластмассы.

Мы, люди-пчеловоды коренным образом изменили среду обитания пчел. Наши деревянные ульи, не имеют защитных свойств живого дерева. Они проницаемы для электрического поля Земли, не могут защитить пчел от атмосферного электричества и от электромагнитных полей, созданных нашей современной цивилизацией [6,7,8,9].

Я надеюсь, на то, что мне удалось обратить Ваше внимание на основополагающие моменты необходимые для пчелиного счастья. А о том, как я сделал своих пчел счастливыми вы, мои дорогие читатели, узнаете из дальнейшего повествования.

РЕЗЮМЕ

Для успешного и счастливого развития пчел, пчеловоду необходимо, прежде всего позаботится о комфортных условиях для пчел в улье [15,16,17,18], и по максимуму оставить пчел в покое, не вмешиваться, без особой надобности, в жизнь и работу пчелиной семьи.

Моя счастливая пчелка – ювелирная работа

КАК Я ИЗМЕНИЛ КАЧЕСТВО ЖИЗНИ ПЧЕЛ?

Для кардинального улучшения качества жизни пчел мне надо было применить комплексный подход к вопросу модернизации своего пчелиного хозяйства.

Первый этап – это изменение физических свойств моих ульев. Второй этап – правильная расстановка ульев на выделенной территории.

О расстановке ульев Вы прочтете в следующей главе, а сейчас я остановлюсь подробно на том, как я выполнял задачи первого этапа.

Мне нужно было по возможности приблизить условия проживания пчел в моих ульях к условиям проживания в дупле живого дерева.

Для решения этой задачи надо было:
- ✓ Улучшить температурный режим в улье защитив его от перегрева;
- ✓ Дать возможность улью "дышать" и при этом не утратить свойства защитного покрытия;
- ✓ Обеспечить пчел защитой от воздействий электрических полей.

Надо заметить, что все мои ульи к тому времени были окрашены эмалевой краской в разные цвета.

Что я сделал? Постепенно, улей за ульем, я снял с поверхности эмалевую краску. Пришлось попотеть, это не легкая работа. Применял и простую щетку, и угловую шлифовальную машину, и разного рода скребки. Чистил до белого дерева.

Затем я взял и окрасил все свои улья "особой" краской. Вы не поверите, таким простым действием я решил все задачи первого этапа, а помогла мне в этом "непростая краска".

На первый взгляд решение кажется смешным, но не будем торопиться с выводами. Давайте разберемся во всем по порядку и не спеша.

Какие цвета я использовал?

Вы, безусловно, знаете, что пчелы хорошо различают Синий, Желтый, Черный и Белый цвета, поэтому я ограничился при окраске своих ульев именно этой палитрой. Конечно же, черный цвет для этих целей совершенно не годится, и я его не применял.

Я окрасил все свои улья белой краской, а летковую область, выделил синим или желтым цветом для облегчения ориентации пчел. Белая поверхность, как известно, отлично отражает солнечные лучи. Так просто я обеспечил своим пчелам дополнительный температурный комфорт и не только.

Какую краску я применил?

Для окрашивания своих ульев я использовал краску на основе водной дисперсии акрилового латекса. Акриловые краски для дерева состоят из акрилового связующего, пигмента, воды и добавок. Практически не имеют запаха, они удобны в работе, легко смываются с инструмента водой, быстро сохнут.

Акриловые краски отлично переносят внешние погодные воздействия: перепады температур, повышенную влажность и прямые солнечные лучи.

Такая краска для дерева оберегает его от гниения и растрескивания. Кроме этого, эти краски образуют паропроницаемую пленку. Паропроницаемость акрилового покрытия очень важное свойство для поверхности улья. При таком покрытии дерево "дышит", а значит, существует естественный процесс газового обмена внутреннего объема улья с внешней средой.

Это полезное свойство акриловых красителей приближает "климатические" условия внутри улья к условиям жизни пчел в естественных жилищах. Это раз.

Наличие паропроницаемой поверхности у акрилового покрытия дает возможность древесине легко избавляться от влаги, при этом не возникает эффекта шелушения красочного покрытия, как в случае с эмалевыми или маслеными красками. Это два.

С акриловыми красками легко работать, процесс окрашивания происходит быстро и приятно. Тот, кто пробовал, мне поверит, кто нет – попробовав, согласится. Это три.

Белой акриловой краске легко придать нужный цвет с помощью соответствующих красителей. Это четыре.

Белая акриловая краска служит отличным отражателем солнечных лучей. Это пять.

Как я усовершенствовал краску и для чего?

Давайте вспомним мои рассуждения из предыдущей главы о том, как живое дерево защищает пчелиную семью внутри дупла от воздействия электрических полей различного происхождения.

На момент принятия решения мне было известно два способа защиты пчел от электрических полей в улье:

✓ Покрыть все четыре стенки, дно и крышку улья электропроводящим материалом, например, алюминием;
✓ Окрасить поверхности ульев "металлической" краской, изготовленной из алюминиевого или бронзового порошка.

Второй способ менее эффективен, чем первый. Он не позволяет создать сплошной защитный слой из распределенных, в объеме красителя, металлических частиц. Однако я выбрал, его из-за простоты практического применения и универсальности получаемых результатов.

Кроме этого я неоднократно встречал в интернете рассказы пчеловодов о том, что в ульях, которые были окрашены "металлической" краской пчелы собирают больше меда и имеют спокойный характер.

Что я сделал? Я добавил в белую акриловую краску алюминиевую пудру. Тем самым придал краске новые свойства. Это ее я называл НЕПРОСТОЙ КРАСКОЙ.

Водоэмульсионная краска, как правило, достаточно густая, поэтому я добавлял в нее воду, так что бы она легко и приятно ложилась на поверхность и не тянулась за кистью густыми полосками. Так чтобы было легко и приятно ее наносить на поверхность улья. Думаю, понятно, интуиция подскажет.

Алюминиевую пудру взбивал с помощью дрели и самодельного простого венчика. Можно взять один венчик от миксера.

Сколько сыпал пудры? Опять же, интуитивно, так, чтобы белая краска после интенсивного взбивания становилась светло серой. Если будет чуть больше, это не повредит.

Первый слой окрашивал "металлической" краской. Затем, после полного высыхания, наносил слой немного более густой белой краски, чтобы поверхность становилась ярко-белой.

Цвет белой краски, для окрашивания передней области улья, изменял с помощью красителей, предназначенных именно для этих целей. Они, как правило, продаются там же, где и водоэмульсионная краска. Если Вы спросите, продавец обязательно Вам подскажет правильный выбор.

РЕЗЮМЕ

Я окрасил все свои ульи белой водоэмульсионной краской, в которую добавил алюминиевую пудру.

Область летка выделил приятными для пчелиного глаза цветами: желтый и синий. Такими простыми действиями я достиг четырех целей:

- Защитил пчел от электрических полей [1,2,3,4,5,6,7,8,9], тем самым приблизил условия проживания пчел в улье к естественным условиям проживания в дупле;
- Уменьшил, нагрев пчелиных домиков в жаркие солнечные дни, та как белое покрытие всей поверхности предотвращает, перегрев улья даже в самые жаркие летние дни;
- Обеспечил пчел цветными маркерами для дополнительной ориентации;
- Обеспечил красивое, стойкое к погодным условиям, экологически чистое покрытие, позволяющее "дышать" деревянной поверхности пчелиных домиков и не только поверхности, но и всему улью.
-

Мои ульи после модернизации

Такие домики моим пчелам чрезвычайно нравятся. Пчелы очень добрые (совершенно не злые) и в благодарность собирают для меня щедрые урожаи меда.

Сравнив результаты их работы до и после окрашивания моих ульев НЕПРОСТОЙ "металлической" краской, могу сказать, что медосбор увеличился более чем в 2 раза. И это не похвальба, а факт, подтвержденный жизнью.

Что касается спокойного нрава моих пчел и доброго отношения ко мне, так Вы не поверите, уже много лет подряд во время отбора меда меня пчелы не жалят.

Бывают, конечно, случаи, но это происходит крайне редко и главным образом, если я случайно придушу пчелу рукой. Даже обидно, бывает. И тогда я в шутку возмущаюсь, а где же апитерапия?

Справедливости ради надо отметить, что такое добродушное отношение пчел вызвано не только покраской ульев, но и другими действиями, направленными на создание комфорта для моих пчел.

Прислушиваясь к их жужжанию, я стараюсь относиться к ним по пчелиному. А это как, спросите вы. Да это значит внимательно и с любовью. Я их люблю, и они платят мне той же монетой.

А вот, как подтверждение слов о спокойном нраве моих счастливых пчел, фото.

Это я, спустя всего полчаса после откачки меда, отдыхаю возле своих ульев.

Пчелы совершенно спокойные и не тревожат не меня не моих соседей. К слову о соседях. За все время своей счастливой жизни мои пчелы, ни разу не досаждали соседям. Во всяком случае, соседи не жаловались. Этот факт, есть еще одним подтверждением того, что счастливым пчелам нет дела до моих соседей.

Таким простым действием, как окрашивание поверхности улья "непростой" краской, я приблизил экологию жилища пчел к естественному природному состоянию.

К сожалению, для многих пчеловодов вопрос окрашивания улья имеет далеко не первый приоритет в списке важных дел. Такие пчеловоды проигрывают в полученном меде, а пчелы не могут достичь своего пчелиного счастья и радости бытия.

КАК И ГДЕ Я ПОСТАВИЛ УЛЬИ?

От того где и как стоят наши ульи зависит, как будут работать пчелы и что они дадут пчеловодам. Месторасположение пчелиных домиков на местности, влияет на температурный режим, работоспособность, настроение и производительность пчелиной семьи в целом.

Поэтому, как и где поставить ульи такой же важный вопрос для обеспечения пчелиного счастья, как и вопрос окрашивания.

На мой взгляд, важно оптимально установить улья относительно направления север-юг, при этом, по возможности обеспечить пчел защитой от внешних природных факторов (солнце, атмосферное электричество, геопатогенные зоны [10,11,12,13,14].

И так, давайте подробно рассмотрим, как же я устанавливаю свои ульи с учетом выше изложенных задач по обеспечению пчел максимальным комфортом.

Установка ульев по компасу.

Как установить ульи относительно направления север-юг? На этот счет у каждого пчеловода есть свое мнение. А тот, кто начинает свою практику, часто бывает в замешательстве от разнообразия ответов на этот вопрос.

Я же выбрал для себя ответ, исходя из здравого смысла и логично обоснованных доводов в пользу такого решения. Все свои ульи я установил летками строго на север. И как показала практика использования этого метода, решение было верное.

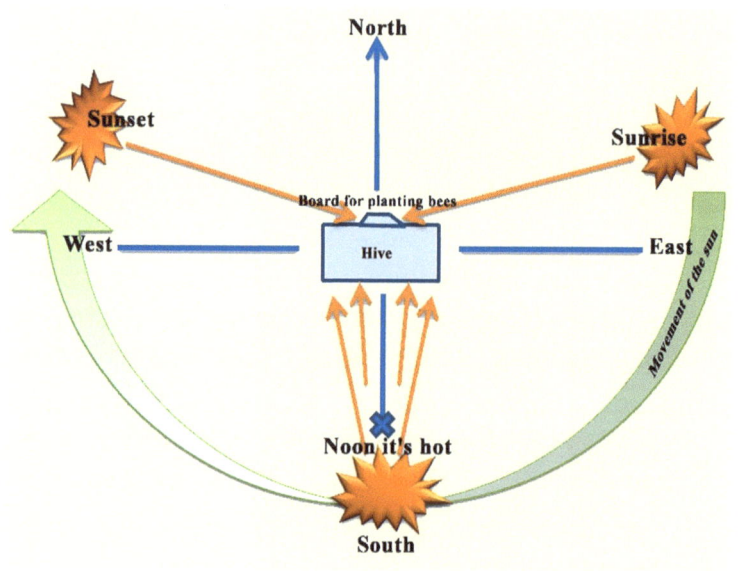

Схема установки моих ульев.

Вот аргументы в пользу именно такого расположения ульев.

Такое положение улья позволяет пчелам наиболее полно использовать световой день. Первые лучи восходящего солнца побуждают пчел к работе, а лучи вечернего солнца стимулируют пчел продолжать работу практически до самого заката.

Таким образом, рабочее время пчелы увеличивается почти вдвое. Можно сказать, что пчелы, при таком расположении улья, работают в две смены.

Первая смена, от восхода солнца и до момента, когда нектар испаряется жаркими лучами солнца. Вторая смена, от момента, когда лучи солнца будут падать на прилетную доску с западной стороны и до позднего вечера.

Во второй половине дня, когда солнце клонится к закату, некоторые цветы снова выделяют нектар и пчелы с радостью собирают вечерний урожай.

Такое расположение улья не позволяет ему сильно нагреваться в жаркие летние дни. Лицевая часть с летками и прилетными досками вообще не подвергается нагреву в полуденную жару. Это создает благоприятные условия для работы и жизни пчел. Если еще позаботиться о солнцезащите задней стенки улья, то Вашим пчелам, будет не страшна ни какая жара, даже на открытой местности.

Например, на заднюю стенку и крышку улья можно закрепить лист пенопласта, предварительно обклеив его, кухонной алюминиевой фольгой

Наблюдая за своими пчелами, я убедился на практике в правоте выше изложенных рассуждений.

Пчелы возвращаются "груженные" медом и утром, и вечером. При этом интенсивность вечернего лета значительно выше у тех ульев, которые стоят летками на север.

Использование такого метода установки пчелиных домиков позволяет пчелам собирать значительно больше меда. Я уверен, что мои пчелы мне благодарны за такую расстановку своих жилищ, а я благодарен им за щедрые урожаи.

Ульи под кронами деревьев

В первой главе я уже писал о том, что кроны деревьев заряжены отрицательным электрическим зарядом и защищают пространство леса от атмосферного электричества [2,3,4,5].

Поэтому, установив свои ульи под покровом деревьев и кустов сада. Я защищаю пчел от влияния атмосферного электричества и одновременно от жарких лучей полуденного солнца.

И этим не хитрым приемом я приближаю условия обитания моих пчел к естественному состоянию.

На фото вы можете видеть небольшую часть моего пчелиного двора. Улья прячутся под ветвями деревьев. А за этим столом мы часто с друзьями или моей семьей устраиваем пикники.

Вы, наверное, не поверите, но пчелы совершенно не обращают на нас внимания. И когда я прочитал в одном репортаже о том, как корреспондент с пчеловодом спокойно обедали в 20 метрах от ульев, то не мог сдержать улыбки. Причем это событие описывалось, как нечто необычное. Всего в двадцати метрах!

Тоже мне достижение. Мой стол стоит в двух метрах от моих ульев, и я этим не хвастаюсь. А пишу лишь для того чтобы лишний раз обратить Ваше внимание на то, что счастливым пчелам нет дела, до людей, которые их не тревожат.

Биолокация и мои пчелы.

От многих пчеловодов я слышал рассказы о том, что якобы, от того места где стоит улей зависит сила и производительность пчелиной семьи. Они утверждали, что есть места, на которых пчелиные семьи быстро растут, набирают силу, редко роятся и приносят много меда. Думаю, что многие из Вас обращали на это внимание.

Еще в начале моей практики был такой случай. Один улей стоял так, что он мне все время мешал передвигаться с коробкой для инвентаря и инструментов.

Взял я его и переставил всего на полтора метра в сторону. Можно сказать, мгновенно, в течение недели обстановка в нем изменилась.

Пчелиная королева почти перестала сеять яйца, активность пчел уменьшилась, в то время, как пчелы в других ульях продолжали активно работать. Смотрю, дело плохо.

Через две недели сомнений вернул улей на прежнее место. И что Вы думаете? Произошло чудо. В это было трудно поверить, но факт был, как говорят на лицо.

Пчелы оживились, активность матки восстановилась. Тогда я объяснил этот случай рассказами старых пчеловодов, которые мне доводилось слышать. По своей неопытности, а может и по другим причинам я, не придал этому случаю должного внимания и попросту забыл о нем на многие годы.

Теперь я немножко отвлекусь от темы повествования и расскажу кратко, как я познакомился с методом биолокации [22] или лозоискательства. Этот рассказ даст мне возможность объяснить, как я вернулся к тому забытому случаю с перестановкой улья и, как я применил методы лозоискательства к своим пчелам.

С этим интересным явлением я познакомился в далекие студенческие годы, когда не было мобильной связи, интернета и многих обыденных сегодня достижений нашей цивилизации. Вы понимаете, что это было в далеком-далеком прошлом.

Веселые студенческие времена

Студенты, как известно, народ любопытный и увлекающийся. Так, вот и я, каким-то образом (сейчас уже и не помню) попал в группу энтузиастов историков-археологов.

Нами руководил, на то время, знаменитый археолог. К сожалению, имя его уже стерлось в памяти, но очаровательность его рассказов и деятельный энтузиазм забыть невозможно. Он собрал вокруг себя молодых ребят и заразил идеей поиска легендарной библиотеки Ярослава Мудрого.

Но моя история не о наших приключениях, а о интересном и удивительном способе обнаружения невидимых глазу предметов и явлений. Имя ему – биолокация или лозоискательство.

Я под каменным сводом

Готовясь к такой увлекательной экспедиции, наша группа регулярно делала вылазки в заброшенные, но сохранившиеся храмовые подземные сооружения. Таких мест, в окрестностях города К. в те годы, было великое множество.

В одной из подземных комнат

Вот там-то я и встретился с красивым и загадочным словом Биолокация.

Посмотрел воочию, как инструктор показывал "чудеса" по поиску подземных полостей. А потом каждый из нас должен был попробовать самостоятельно проделать то же самое. Не знаю, как другие, но я был чрезвычайно заинтригован, и не раз убеждался в том, что метод работает.

Проволочные прутики в форме буквы "L", которые держали в руках, уверенно сходились над подземными ходами. Это было так интересно, что дальше были разного рода эксперименты в студенческом общежитии и за его пределами по поиску электропроводов, спрятанных предметов и так далее и тому подобное. Было интересно, увлекательно и непонятно. Как же это работает?

Время летело, увлечения менялись, студенческие годы закончились, а понятие "биолокация" осталось в памяти, как увлекательное развлечение.

Будучи по природе своей человеком любознательным, я периодически возвращался к этой теме. Приходилось применять свой небольшой опыт в этой области для поиска мест расположения водных пластов при выборе места для колодца.

Первый раз с практической пользой, я использовал этот метод при нахождении места для водяной скважины у себя во дворе.

Вот тогда я и вспомнил о своем студенческом развлечении. Соорудил из проволоки два "L"-образных прутика. Их еще называют "Рамка". Почему, не знаю. Для солидности, наверное.

Вооружившись этими "приборами", я просканировал территорию двора и указал место для будущей скважины, а также глубину до воды.

Все мои предсказания сбылись. Место было выбрано, верно. На указанной глубине мы с отцом добрались до водоносного слоя.

Так я очередной раз убедился в том, что метод работает, несмотря на скептическое отношение к нему многих теоретиков. Я же не теоретик, а практик. Поэтому беру и делаю.

Потом был опыт нахождения места для колодца, моему другу. Указанное мной место совпало с местом, которое выбрали профессионалы, при этом вода оказалась на указанной мною глубине. Что это? Совпадение. Возможно и так, но я уверен, метод - работает.

Я не буду вдаваться в теорию объяснения этого метода, тем более, что предположений на этот счет в интернете предостаточно. Повторяю, я не теоретик, а практик. Вот собственно история моего знакомства с этим явлением и примеры его практического применения.

Теперь давайте возвратимся к пчелам и посмотрим, как я применил эти скромные навыки в этой области к своим пчелам. А кто захочет, тот сможет применить этот метод и к своим пчелам.

Стояли у меня ульи, на выделенной для этого территории, случайным образом. В таком порядке, который определялся, на мой взгляд, удобством в работе.

А вот после того, как моя пасека стала называться самой свободной пасекой в Мире (о том, как это произошло, написано в разделе "Необходимые поясненя автора") я вспомнил случай с перестановкой улья на неблагоприятное место.

Поразмыслив над этим случаем, решил установить ульи с учетом, так называемых, геопатогенных мест [10,11,12,13,14], используя свои навыки в лозоискательстве.

Так чтобы моим пчелам вообще ничего не мешало. Для этого мне пришлось найти свои биолокационные "инструменты" и немного попрактиковаться на местности.

Задача была найти не просто хорошее место, а хорошее место именно для конкретного улья.

Я взял в руки свои проволочные прутики, и думая о конкретной семье пчел, которая находится в конкретном улье задавался поисковой задачей.

Мысленно вопрос звучал так: "Где наилучшее место для пчел — вот из этого улья?". Предварительно мысленно ставил условие, что ответ "ДА" соответствует перекрещиванию проволочных прутиков.

Двигаясь по территории, засекал место, над которым прутики перекрещивались. Затем неоднократно проверял себя.

В результате, эксперимент показал то, что действительно, для каждой отдельно взятой пчелиной семьи удовлетворительное место было найдено только одно и оно не совпадало не с одной другой пчелосемьей.

При этом не один мой улей не стоял на своем лучшем месте. Пришлось переставить все на их оптимальные места.

Я совершенно уверен в том, что и этот прием, связанный с исключением геопатогенных мест для расстановки ульев, внес свой весомый взнос в благополучие моих счастливых пчел.

Практические советы для экспериментов

1. Делаем две такие детали. Размер короткого загиба по руке, длинного в 3-4 раза длиннее.

2. Укладываем проволочный прутик в руку, так, как на фото.

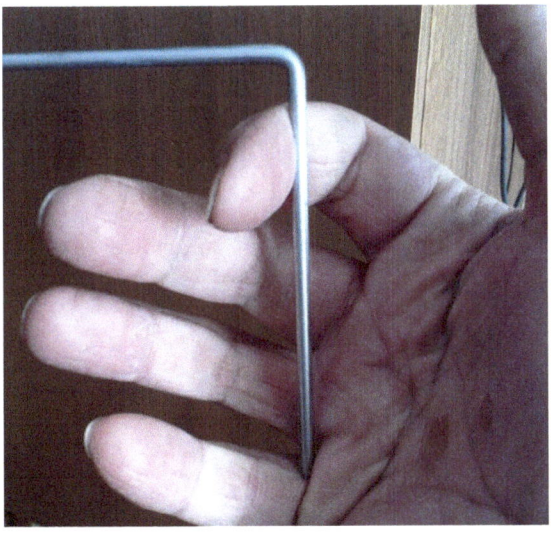

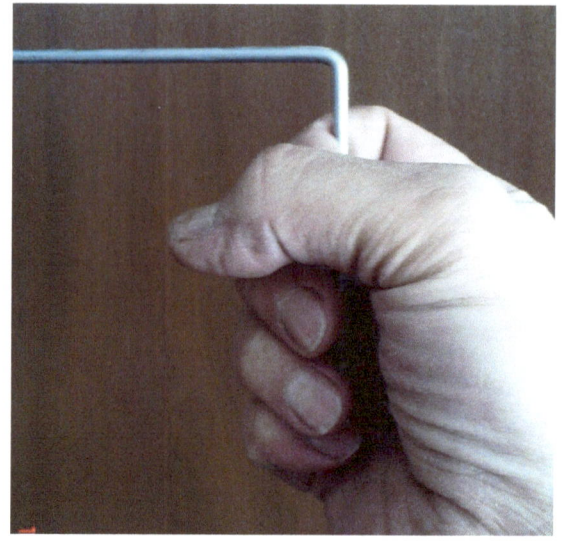

3. Не зажимая, свободно держим эти прутики, так чтобы они легко вращались вокруг вертикальной оси.

4. Сгибаем руки в локтях, свободно прижимаем к бокам, а кисти рук с прутиками направляем вперед перед собой. Так, чтобы длинная часть нашего проволочного прутика была параллельна поверхности земли. Расстояние между кистями рук с прутиками 25-30 сантиметров.

5. Мысленно задаемся поисковым вопросом. В моем случае вопрос звучал так: "Где наилучшее место для пчел - вот из этого улья?". Предварительно, мысленно ставим условие, что ответ "ДА" соответствует перекрещиванию "рамок".

Задаем мысленно поисковую задачу, сосредотачиваемся на этой задаче, и вперед в мир чудес и приключений.

Ради забавы, Вы можете пробовать, поэкспериментировать. Это просто интересно. Несомненно, у вас все получится так же, как получилось и у меня. Ваши пчелы будут Вам благодарны.

РЕЗЮМЕ

Кратко просуммирую ответы на вопрос - как и где я установил свои улья?

Улья я установил:

1. "Лицом" строго на север;
2. Под ветвями деревьев;
3. На благоприятные места с использованием метода биолокации.

Я уверен, в том, что такая расстановка ульев, еще одна причина, почему мои пчелы миролюбивы, собирают много меда и не собираются улетать, т.е. не переходят в роевое состояние. Роение пчел – это отдельная тема и свои взгляды на этот вопрос я изложу в дальнейшем повествовании.

Трон королевы

ИЗВЛЕЧЕНИЕ МЕДА

Мой маленький помощник. Возможно будущий пчеловод.

Необходимое предисловие

В далекие юные годы, когда отец брал меня на пасеку в качестве помощника, мне неоднократно приходилось наблюдать варварское отношение пчеловодов к своим пчелам.

Я думаю, что и сейчас, такое отношение имеет место быть, особенно на больших пасеках, там, где пчела для пчеловода "дойная корова", "машина" по производству меда. Хотя, к своим коровам хозяева относятся куда человечней, чем многие "пчеловоды" к своим пчелам.

Все, кто хоть раз имел счастье прикоснуться к пчелиным сотам, присутствовать или лично проводить осмотр пчелиной семьи, несомненно, замечали определенный и, причем повторяющийся, порядок в расположении рамок с пчелиными сотами. И порядок этот является отражением их содержимого. Одним словом, в улье царит пчелиный порядок, и все пчелы знают, что и где в этом улье.

А теперь представьте себе картину. Идет процесс извлечения меда на пасеке из 25 ульев (немного, но и не мало – кто качал мед хотя бы с 5 ульев, тот поймет, что значит 20-25 ульев). Это тяжелая работа для двоих пчеловодов.

И вот, что мне приходилось наблюдать неоднократно. Из улья изымаются ВСЕ (представьте себе, ВСЕ) пчелиные соты и относятся в домик для откачки меда. Там их без учета и порядка готовят к откачке и откачивают мед.

Изымается весь мед, даже с пчелиных сот, которые содержат пчелиный расплод, личинки, яйца. При этом гибнет не одна тысяча пчелиных яиц и личинок.

Потом эти опустошенные рамки с пчелиными сотами относят к пчелиному домику и совершенно беспорядочно и быстро устанавливают внутрь.

Вы можете представить, что творится в пчелиной семье после такого варварского процесса? Весь пчелиный порядок разрушен, меда нет вообще, половины расплода нет, все перевернуто вверх дном, катастрофа.

И такое несчастье нерадивые пчеловоды устраивают своим пчелам несколько раз за сезон. Отшумели майские сады – качаем мед. Отцвела акация, липа, гречиха (у кого что под рукой) – каждый раз извлекается мед, и каждый раз катастрофа в пчелиных семьях повторяется.

Такое отношение просто издевательство. Какая пчелиная семья может это пережить спокойно?

Потом такие пчеловоды удивляются - почему пчелы такие злые? Почему они жалят соседей? И вообще не дают подойти к своим ульям близко. Почему они роятся? Почему они такие хилые и изношенные? Почему они улетают? А ответ прост: "Собака бывает кусачей только от жизни собачей".

По-своему, по-детски, я переживал за этих нечастных пчел. Хотя мои детские переживания были недолгими, они все же оставили в сердце свой след. И, очевидно, сыграли немаловажную роль в формировании моих пчеловодческих взглядов и убеждений.

Прошли годы, и волею судьбы я стал пчеловодом. Сейчас я счастлив от того, что у меня есть любимые пчелы, которые гармонизируют окружающий мир, а я им в этом стараюсь помогать. Осознание участия в этой пчелиной миссии мне придает силы и позволяет надеяться на то, что я, не зря проживаю свои дни в этом Мире.

Ну, это все присказка, а собственно история впереди.

Теперь я расскажу, как я качаю мед на своей пасеке. С чего начать? Наверное, с определения момента, когда пора качать мед.

Вообще я принял за правило качать мед один раз в сезон, перед подготовкой семей к зимовке. Как правило, это я делаю после 10-15 августа. Я не беспокою своих пчел процессом добывания меда. Поэтому моя пасека считается самой свободной пасекой в Мире.

Однако бывают исключения. Так, если взяток хорош, и пчелам просто некуда складывать мед, я вынужден забрать излишки и освободить место для меда. И так, если есть место для меда, я не занимаюсь извлечением меда и наоборот.

Поясню на примере. Отцвели майские сады. Погода стояла прекрасная, пчелы трудились усердно, и в результате в ульях нет пустого места. Что делать? Я делаю исключение из своего правила и откачиваю излишки – освобождаю место для акации, липы и всего, того что там у меня осталось.

Помню, был такой урожайный год, что мне пришлось извлекать мед и после цветения акации и после липы, а потом и перед подготовкой к зиме. Такой случай был только один раз в моей практике. Редкое явление в наше время.

Однако, обращаю Ваше внимание, я не забираю весь мед, а только освобождаю пчелиные кладовые. Что значит, освобождаю пчелиные кладовые? Сейчас разберемся.

Пару слов о моих методах отбора рамок с пчелиными сотами для откачивания меда. Если я качаю для освобождения места, то я отбираю мед из пчелиных кладовых по максимуму. Обращаю Ваше внимание, отбираю мед только из кладовых, а гнездовые запасы оставляю неприкосновенные.

Я хорошо запомнил наставления отца о бережном отношении к пчелиным сотам с пчелиным расплодом. В своей практике я никогда не отбирал и не отбираю эти соты для извлечения меда.

Если я извлекаю мед перед подготовкой на зимовку, то тут, конечно же, я не жадничаю и хорошо заполненные медом пчелиные соты оставляю пчелам. Мне же остаются излишки, которые непременно образуются в процессе формирования зимнего пчелиного гнезда. Зачастую эти излишки собирают приличное количество меда. За что я всегда говорю своим пчелкам СПАСИБО.

Мой метод извлечения меда

И так дата откачки определена и накануне, я делаю осмотр семей с целью выявления тех рамок с пчелиными сотами, которые завтра пойдут в обработку.

Для того что бы потом, при возврате рамок, был восстановлен порядок их расположения я нумерую каждую рамку по порядку с лева на право или наоборот (от направления смысл не меняется). Для этих целей я использую бумажный строительный скотч. На нем удобно делать надписи, он хорошо держится и легко снимается.

Затем я произвожу осмотр и отбираю все рамки с сотами, заполненные медом и те, которые с медом и пыльцой.

Я их просто переставляю в одну сторону, например, в "хвост" и отделяю этот склад от гнезда перегородкой (заставная доска).

И так, что я в результате получаю? С одной стороны, гнездовые пчелиные соты с медом и расплодом с другой стороны рамки только с медом и рамки с медом и пыльцой. За ночь основная масса пчел перебирается в гнездовую часть, и на отобранных рамках пчел почти не остается. Все, подготовка произведена.

На следующий день с утра я начинаю процесс извлечения меда, собственно это уже просто перенос рамок с медовыми сотами к месту откачки. Пчелы совершенно спокойны, ведь гнездовая часть цела и порядок там не нарушен.

Небольшое количество пчел, которые присутствуют на медовых рамках, легко и безболезненно стряхиваются в улей и рамочки отправляются в транспортные коробки. Далее подготовка рамок с пчелиными сотами – обрезка запечатанных ячеек. Потом медогонка и обратно в улей.

Наблюдая за этим процессом можно подумать, что работа пчеловода именно в этом и состоит. Пчелы носят мед, а ты знай себе качай, да и все хлопоты.

Отец рассказывал, что как-то случайно услышать разговор двух соседок. Одна другой жаловалась, может завидовала. Мол, Андрею пчелы носят мед, а он его продает, да еще и деньги имеет. Вы понимаете, пчелы носят мед, а он за это еще и деньги имеет. Вот так некоторые потребители меда думают о пасечниках и их нелегкой работе.

Так и хочется сказать: «Так возьмите, и Вы заведите пчел. И пусть Вам они носят мед. Это так просто. Почему Вы этого не делаете?». Почему-то вспомнилось. Даже не знаю и почему. Так, по теме медосбора.

Открываю запечатанные ячейки

А вот и первые потоки удивительного меда

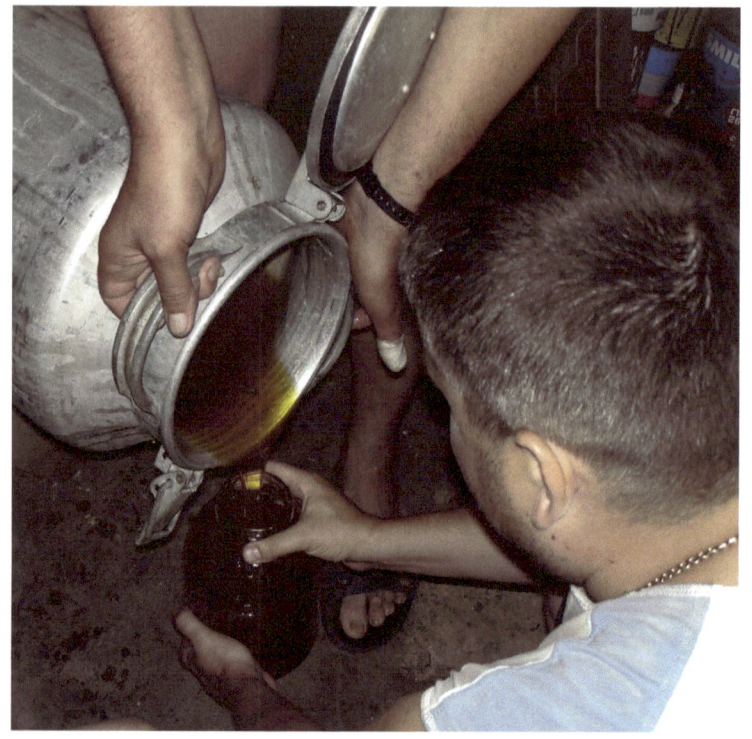

Пчелиная благодарность уже собрана

Для ускорения общего процесса отбора меда, при возврате рамок с пчелиными сотами в улей я не занимаюсь расстановкой их по номерам, а просто складываю в улей. Они по-прежнему остаются за перегородкой. Заставную доску не убираю. За ночь пчелы очистят восковые соты от остатков меда.

Завтра по свободе, быстро и без суеты я расставлю рамки по порядку, восстановлю пчелиный порядок и уберу заставную доску. Пчелы будут спокойные, миролюбивые и даже благодарные за освобождение места для нового меда. Вот так я откачиваю мед у своих пчел. И мне кажется, что пчелам это даже нравится.

Несмотря на то, что я отобрал мед, пчелы совершенно мирные и совершенно не злые

Я уже писал о том, что мои пчелы зачастую меня ни разу не ужалят в процессе откачивания меда. Вы не поверите, мне приходится пожертвовать десяток второй пчел из различных ульев для проведения терапевтических мероприятий.

Я ловлю пчел пинцетом и пускаю их себе на руки. Наверное, это выглядит жестоко с моей стороны, но надо же себя держать в форме.

РЕЗЮМЕ

Несколько главных моментов моего метода отбора меда:

- ✓ Не при каких условиях я не забираю мед из гнездовой части;
- ✓ Восковые соты с расплодом и медом – гнездо, на кануне отбора отделяю от остальных пчелиных сот перегородкой;
- ✓ На следующий день после извлечения меда, устанавливаю все рамки с пчелиными сотами на свои места.

При таком подходе мои пчелы совершенно спокойно переносят процесс отбора меда. Ведут себя миролюбиво и не досаждают своими жалами не мне не моим соседям.

Мои счастливые пчелы за работой по усовершенствованию Мира

ПОЧЕМУ ПЧЕЛЫ РОЯТСЯ?

О роении пчел и роевом состоянии [19,20,21] в литературе и интернете написано много. Часто это пересказ одних и тех же соображений в той или иной интерпретации.

Книги, интернет, пчеловоды и ученые в один голос утверждают, что роение – это инстинкт размножения пчел.

Таким образом, приняв это утверждение, мы должны согласиться с тем, что причиной перехода пчелиной семьи в роевое состояние есть некий инстинкт размножения и поэтому мы (люди) не можем этим управлять. Он нам не подвластен. Это зов природы. А как же тогда методы стимуляции искусственного роения согласуются с инстинктом размножения? Что-то тут не согласуется. Вам так не кажется?

На мой взгляд, такой подход к этому вопросу в корне неверен. Я отрицаю это утверждение.

Пчелиная семья никогда не перейдет в роевое состояние, если показатели параметров их жилища и окружающие условия будут соответствовать их (пчелиным) требованиям. Но так в жизни, к счастью, не бывает и поэтому пчелы все-таки роятся и это приводит к их размножению.

Я беру на себя смелость утверждать, что роение пчел – это процесс, вызываемый инстинктом самосохранения.

Когда пчелиной семье становится невмоготу проживание в конкретных условиях (жара, теснота, влажность, холод, беспокойный пчеловод, варварское извлечение меда...) и пчелы не могут полноценно выполнять свои задачи (читай инстинкты), тогда пчелам ничего не остается, как бросить это место и улететь.

Бывают и такие случаи, как брошенные полностью пустые ульи, но чаще все же семья переходит в роевое состояние и делится на несколько семей.

Что происходит с пчелами, которые живут в лесу в дупле дерева? Да ничего. До тех пор, пока объём дупла не будет полностью заполнен сотами и до тех пор, пока матка сможет в них откладывать яйца. Никакого роения для размножения не происходит.

А вот когда новой вощины некуда будет отстраивать, а восковые ячейки, из которых рождаются пчелы, будут уменьшены из-за оставшихся коконов предыдущих рождений до неприличия, вот тогда, для сохранения семьи и вида включается инстинкт самосохранения, и пчелиная семья переходит в роевое состояние и в результате разделяется на многие семьи.

Новые семьи заселяют новые дупла, и так происходит размножение пчелиных семей в природных условиях.

В идеале, если бы мы могли обеспечить пчелиную семью бесконечным дуплом, то эти пчелы никогда бы не перешли в роевое состояние. К счастью, дупла имеют конечные размеры и поэтому пчелы роятся и разлетаются по лесам и …

Хорошо, скажете Вы, и что нам от этого? Толи инстинкт размножения толи самосохранения, какая разница? Результат один и тот же.

Оно то так, но ведь если принять первый тезис, то и сделать тут ничего пчеловод не может – природа, зов предков, размножение. Все, сиди и жди, когда выйдет рой или применяй всякие разные приемы по устранению роевого состояния.

А вот если согласится с моим утверждением о том, что Роение – это инстинкт самосохранения, то поразмыслив над этим неспешно, начинаешь понимать, что нужно делать, чтобы не доводить свои пчелиные семьи до роевого состояния.

А делать ничего, то особо и не надо, надо создать своим пчелкам комфортные условия проживания в ульях:
- ✓ Домик просторный, не жаркий с правильной солнцезащитой, хорошей вентиляцией, правильно стоящий и покрашенный правильной краской (я писал об этом ранее);
- ✓ Бережное отношение к пчелам при отборе меда;
- ✓ Свежая, новая вощина;

- ✓ Спокойная обстановка вокруг ульев;
- ✓ Несуетливый пчеловод, не надо беспокоить своих пчел частыми осмотрами и перестановками рамок с пчелиными сотами.

Я создал для своих пчел комфортные условия. Пчелы мои не роятся с тех пор, как моя пасека стала называться самой свободной пасекой в Мире. С того момента, как они стали счастливыми пчелами. Счастливым пчелам некогда, да и незачем роится. У них полно работы они могут спокойно выполнять свою важную миссию.

Если мне надо получить рой или увеличить количество семей я это делаю просто. Вызываю роевое состояние "искусственно". Как это сделать? Многие об этом знают, а кто не знает тот найдет информацию в любой толковой книге по пчеловодству.

Я же хочу обратить Ваше внимание на то что, обеспечив своих пчел комфортными условиями проживания, не беспокоя их зря мы можем практически полностью избавится от роения. И самое главное, на мой взгляд, это то что мы – пчеловоды можем управлять этим процессом осознанно, а не быть заложниками какого-то там случай или зова предков.

Принятие такого взгляда на процесс роения, позволяет пчеловоду занять активную позицию осознанного действия на основании понимания причин этого явления.

Я могу предположить, что процессу роения присущ некий дуализм свойств вызывающих его. С одной стороны, это инстинкт размножения, коль скоро о нем так усердно говорят ученые. С другой стороны, это инстинкт самосохранения, о котором говорю я.

Возможно, в одних условиях к роению приводит инстинкт размножения, в других условиях роение вызывает инстинкт самосохранения.

Однако, я все же остаюсь на своих позициях.

Роение, как процесс - есть следствие инстинкта самосохранения пчелиной семьи, а размножение пчелиной семьи - есть следствие процесса роения.

РЕЗЮМЕ

Роение [19,20,21] – это инстинкт самосохранения пчелиной семьи. Другими словами, это звучит так: инстинкт самосохранения пчелиной семьи запускает процесс роения, а результатом роения есть размножение. Эта трактовка роения пчел прекрасно объясняет методы, предлагаемые наукой для стимуляции искусственного роения. Все они основаны на ухудшении качества жизни пчел в улье. Обратили внимание?

Мне и моим пчелам нравится такое объяснение причин процесса роения. Без такого подхода мне бы не удалось сделать пчел счастливыми. Я обеспечил своим пчелам комфортные условия проживания в ульях. В результате роение не беспокоит не меня, не моих пчел.

Важная весенняя работа

КОРМ ДЛЯ СЧАСТЛИВЫХ ПЧЕЛ

Поделюсь своим опытом приготовления вкусного и полезного корма для пчел.

Иногда возникает необходимость подкормить пчел. Для этого существует множество средств и рецептов. Я же хочу рассказать, как это делаю я и возможно кому-то из Вас, мои дорогие читатели, мой рецепт приготовления пчелиной подкормки понравится.

Я же уверяю Вас, что пчелам такой вкусный и полезный корм понравится точно. Моим пчелам он нравится. Я это знаю точно. Они мне, тихонько, об этом "рассказывали".

Моя технология приготовления корма.

Корм я готовлю минимум за 24 часа до момента раздачи. Сироп готовлю на отваре травы Тимьян ползучий (Thymus serpyllum) в него добавляю мед и лимонную кислоту.

Приведу пример приготовления корма для зимней подкормки на порцию из 5 кг. сахара.

Для этого я беру 3,3 литра воды, 5 грамм лимонной кислоты, 2 столовые ложки меда и две щедрые щепотки сухой правы Тимьяна ползучего.

Отвесив пять килограмм сахара помещаю его в эмалированную емкость. Три литра воды в отдельной емкости грею до кипения. После закипания бросаю в емкость с кипящей водой две щедрые щепотки травы и варю ее две, три минуты.

Затем быстро, через мелкое сито, выливаю этот отвар в емкость с сахаром и деревянной лопаткой перемешиваю эту смесь до полного растворения сахара. Сразу же отправляю в раствор оставшуюся воду, в которой предварительно растворяю 5 грамм лимонной кислоты (1 г. лимонной кислоты на 1 кг. сахара).

Старательно продолжаю помешивать этот раствор. Когда температура раствора опустится ниже сорока градусов, добавляю в него две щедрые столовые ложки меда и продолжаю помешивать до полного растворения меда. Затем накрываю емкость крышкой и оставляю в покое на 24 часа.

Ближе к вечеру следующего дня я провожу раздачу корма. Перед раздачей корм нагреваю до температуры 35-37 градусов, но не более, и стараюсь, как можно быстрее, (конечно по возможности, быстро не всегда получается) отправить его в кормушки.

Краткие пояснения технологии

Зимнюю подкормку начинаю 10-15 августа. Начало зимней подкормки обосновано двумя причинами:
- ✓ Во второй половине августа в моих краях практически отсутствует кормовая база в окружающей природе,
- ✓ Начав подкормку во второй декаде августа и растянув ее до конца месяца я тем самым стимулирую матку на активный посев яиц, что в свою очередь приводит к наращиванию силы семьи именно августовскими пчелами, которые будут зимовать и выращивать молодняк весной.

Соотношение воды и сахара для зимней подкормки 1:1,5, а для весенней 1:1.

Концентрация сиропа для приготовления корма выбрана не случайно. В литературных источниках утверждается, что именно при такой концентрации происходит наиболее щадящий износ рабочих пчел, участвующих в переработке сахарного сиропа в мед.

Добавление к сиропу натурального меда придает готовому корму приятный медовый аромат при этом ферменты, находящиеся в меде, активно участвуют в физико-химических процессах, происходящих в этом растворе. За сутки сахарный сироп превращается в нечто другое, это уже не просто сироп это уже корм с определенными свойствами.

Однозначно известно, что под воздействием медового фермента инвертазы часть сахара за сутки превращается в глюкозу и фруктозу. Несомненно, и другие ферменты, находящиеся в меде, влияют на свойства получаемого корма.

Добавление лимонной кислоты в сахарный сироп приводит как минимум к трем положительным эффектам:
- ✓ Наличие кислоты в сахарном сиропе предупреждает или частично уменьшает кристаллизацию полученного меда;
- ✓ Наличие кислоты способствует процессу разложения сахара на глюкозу и фруктозу;
- ✓ Кислая подкормка благотворно влияет на пищеварительный тракт пчелы. Способствует очищению кишечника. Это особенно важно весной. Способствует повышению кислой реакции среды в средней кишке, что в свою очередь, приводит к тому, что пчелы, питающиеся кислой подкормкой, в среднем живут дольше.

Применение ароматной травы Тимьяна ползучего придает корму своеобразный вкус и запах, который, судя по всему, нравится пчелам.

Кроме того, эта лекарственная трава имеет колоссальный, оздоровительный эффект. Проверено на опыте.

Как-то весной заболели и ослабли пару семей. Явные признаки пчелиного поноса. Что делать? Тогда я был начинающим пчеловодом. Ответа нет. Взял и послушал свою интуицию. Приготовил весеннюю подкормку с использованием отвара этой замечательной травы.

Состояние семей резко улучшилось – всего две подкормки и пчелы перестали болеть, стали активными и скоро догнали по развитию своих соседей. С тех пор я всегда готовлю любые подкормки только с использованием этой травы.

А какой вкусный чай с этой чудной и ароматной травой?! Кто пробовал, тот со мной согласится.

Это моя любимая трава, наверное, по тому, что она пахнет детством. Я каждый год весной (конец мая) хожу на заготовку этой травы.

Ее полно на холмистых местах, на южных склонах. Я ее использую не только для пчел и чая, но и в качестве приправы в своих кулинарных экспериментах. Попробуйте, и я уверен, Вам понравится.

Ну вот, пожалуй, и все мои секреты приготовления вкусного, ароматного и полезного корма для моих пчел.

Тимьян ползучий (Thymus serpyllum).

РЕЗЮМЕ

Корм для своих пчел я готовлю из сахара и меда с добавлением лимонной кислоты на вкусном и полезном отваре травы Тимьяна ползучего (Thymus serpyllum). После 24 часовой выдержки эта смесь превращается в ароматный, вкусный и полезный продукт для моих счастливых пчел.

БЫСТРЫЙ ПЕРЕНОС УЛЬЕВ

Вы, наверное, знаете, как бывалые охотники или рыболовы, собравшись в компанию, где-то на берегу или в поле, любят рассказывать о своих трофеях реальных или немного вымышленных. При этом все эти рассказы переполнены живыми и порой очень даже смешными подробностями. Слушать такие истории одно удовольствие.

Так и пчеловоды на выездной (кочевой) пасеке, после трудного рабочего дня, собравшись у костра, частенько рассказывают разные случаи из своей пчеловодческой практики.

Рассказы пчеловодов бывают не менее смешными и интересными, чем у рыбаков или охотников. Внимательный же слушатель таких историй может узнать много полезных подробностей из практики пчеловодства.

Так вот, в одной из таких компаний, старый пчеловод рассказывал, как он за один вечер перенес все свои ульи на новое место и при этом совершенно не потерял летных пчел.

Слушатели смеялись над ним, и никто ему не поверил. Его рассказ назвали фантастическим и дружно отвергли его доводы.

Мне же, его рассказ не показался выдумкой, и будучи человеком любознательным, при первом удобном случае я опробовал его метод на практике.

Подтверждаю. Метод работает. Он был опробован мною многократно.

В практике пчеловода бывают случаи, когда нужно переставить ульи. Эта небольшая задача иногда требует много дней.

Помню, когда мы это делали с папой, то переезд улья на один метр требовал 4-5 дней. Процесс происходил вечером, именно когда детские игры на улице были в разгаре. Как я сердился всякий раз, когда отец звал меня помочь ему в этом деле.

По теории моего отца, перемещение улья за один раз не должно было быть больше 10-20 сантиметров. Причем это делалось один раз в конце дня, когда все летные пчелы собирались в домике. Наверное, многие и сейчас, так передвигают свои ульи.

А между тем, есть простой и радикальный метод для перестановки за один раз на любое расстояние.

Перестановку улья делаю вдвоем с помощником. Лучше всего это мероприятие проводить поздним вечером, после возвращения всех летных пчел.

Сразу относим его на заранее подготовленное место. Далее, на прилетную доску перемещенного улья я устанавливаю, какое-либо препятствие для пчел.

Пчеловод в своем рассказе упоминал сухую траву и сухие листья. Я уверен в том, что в этом случае, важен сам элемент препятствия, элемент новизны для пчел.

Сухая трава и листья легко улетают от небольшого ветерка. Поэтому я использую небольшой комок проволоки, который легко закрепить на прилетной доске. Можно придумать все что угодно.

Мой комок проволоки

Ключ к этому методу заключается в том, что каждый раз, встречая препятствие при выходе из улья, пчелы проверяют настройки своих "навигаторов" и настраивают их заново.

Другими словами, ведут себя так, как при первом облете. Понаблюдайте и Вы сами убедитесь в этом. Движение пчел и характер полета будет таким же, как при первом вылете. Это подтверждает и тот факт, что летные пчелы не возвращаются на старое место, а уверенно направляются к своему улью на новом месте.

На старом месте соберутся только те пчелы, которые ночевали в поле. Таких, как известно, немного, поэтому потери будут незначительными.

Однако, при желании можно и этих пчел собрать в пустой небольшой улей. Для этого пустой улей с несколькими сотовыми рамками ставим на старое место. А потом пересыпаем, собравшихся пчел в тот улей, что переставляли.

Однако, на мой взгляд, это лишние хлопоты. Пчелы с поля возвращаются домой с медом и их, через некоторое время, с радостью примут в другие ульи.

Вот так легко и быстро, при необходимости, я переставляю свои ульи. Мои пчелы на этот метод жалоб не подавали. Следовательно, метод хорош.

РЕЗЮМЕ

Существенное препятствие для пчел у выхода из улья — ключ к методу быстрой перестановки. Наличие препятствия заставляет пчел перенастроить координаты своих "навигаторов". Вот и весь фокус. Работает безотказно.

Пчелка и солнышко

ПРОСТАЯ И УДОБНАЯ ПОИЛКА

В своем пчелином хозяйстве я применяю простую, и главным образом, удобную для пчел поилку.

Обычная бутылка, наполнена водой и закрытая толстой мягкой тканью. Пчелам не надо вообще никуда лететь, "вышел" спокойно с "двумя ведрами", зачерпнул и спокойно вернулся в улей.

Удобно, далеко лететь не надо

Бывает в жаркие дни, бутылку воды семья может осушить за день. Возможно, наполнять бутылки каждый день хлопотно, однако, чего не сделаешь для своих любимых пчел. Мне это не тяжело и даже приятно.

Кроме того, по скорости исчезновения воды можно, оценить состояние дел в улье. Если в конкретном улье вода из бутылки стала уменьшаться медленней, чем ранее, то это повод заглянуть в него и провести осмотр состояния семьи.

Наблюдая за скоростью убывания воды во всех ульях можно провести сравнительный анализ развития пчелиных семей на своей пасеке. Такой экспресс-анализ помогает мне заметить непредвиденные изменения в том или ином улье.

Такая поилка удобна для пчел и полезна для внимательного пчеловода.

Вы можете не согласиться со мной, утверждая, что такие поилки целесообразно применять на небольших домашних пчелиных дворах. Однако, этот факт, совершенно не уменьшает практическую пользу такого метода раздачи воды пчелиным семьям.

РЕЗЮМЕ

Поилка из обычной бутылки упрощает жизнь пчелам, а для внимательного пчеловода может служить индикатором состояния дел в пчелиной семье.

ОШИБКА СТАРОГО ПЧЕЛОВОДА

Этот рассказ не совсем вписывается в тему этой книги о моих счастливых пчелах, но он, на мой взгляд, очень поучителен для молодых пчеловодов. Хотя, как будет видно из повествования, об этом могут не знать даже и умудренные опытом старые пчеловоды.

Совершенно недавно встретил я своего старого приятеля. Мы знакомы с ним очень давно со времен нашей молодости. Хотя живем мы в одном городе, но видимся редко, и встречи наши носят случайный характер.

Так случилось и в этот раз. Разговорились, обменялись новостями и в разговоре вышли на общую тему. Оказалось, что он со своим отцом, которому уже около 80 лет занимается пчеловодством.

Скорее он помогает своему отцу в работе с пчелами. Я был приятно удивлен таким новостям и начал расспрашивать о состоянии дел на их пасеке. Беседа оживилась, ведь мы говорили о пчелах, а что может быть интереснее.

И вот Николай, так зовут моего приятеля, рассказал о проблеме, которую ему с отцом никак не удается решить.

Суть проблемы: в одном из ульев пропала пчелиная королева, семья осиротела. Обнаружив пропажу, они установили в улей рамку с пчелиными сотами из другого улья со свежо-посеянными яйцами. Для того, чтобы пчелы на их основе смогли выстроить маточники и вывести себе новую пчелиную матку. Это понятно. Но что случилось дальше?

Через некоторое время, осмотрев эту рамку с пчелиными сотами, они успокоились. На ней пчелы построили и запечатали несколько маточников. Все шло по плану, но на следующий день беспокойный старый пчеловод снова провел осмотр и был крайне расстроен – все маточники были уничтожены.

Они повторили все снова. И в этот раз все события повторились. Пчелы отстроили маточники, а потом их уничтожили. Что делать?

Пчеловоды, для ускорения процесса выведения пчелиной матки, установили рамку с готовым, почти созревшим, маточником. При очередном осмотре, старый пчеловод, непроизвольно стал свидетелем выхода молодой матки. Отец с сыном обрадовались, обрадовались и пчелы.

Жизнь внутри улья закипела, восстановилась активность полетов. Хотя семья и ослабела за этот период, однако, появление пчелиной королевы почувствовали и пчелы, и пчеловоды. Каково же было разочарование старого пчеловода, когда через пару дней улей снова затих, и появились признаки безматочной семьи.

А после бдительного осмотра мой рассказчик нашел на дне улья мертвую пчелиную матку. Вот это все он мне рассказал и пожаловался на досадную ситуацию.

Я спросил, устанавливали ли они в улей рамки с пчелиными сотами на которых были свежие пчелиные яйца и личинки, после того, как пчелы построили маточники или после выхода молодой матки?

"Ну конечно" – удивленно ответил он. Ведь надо же было восстанавливать пчелиное потомство, пока в улье нет матки. Услышав этот ответ, мне стазу стала понятна причина их неудачных попыток по выведению новой пчелиной королевы.

Дело в том, что у меня, вначале самостоятельной пчеловодческой деятельности, была похожая проблема.

Тогда я, поразмыслив над такой ситуацией, пришел к выводу, что как только в улье появляются свежие яйца, и личинки, пчелы сразу уничтожают маточники или убивают неплодную матку. Они очевидно "думают", если у нас есть свежие яйца, значит нам уже не надо пчелиной матки.

Об этом я и рассказал своему приятелю. Он сильно удивился моему рассказу. Даже немного возмутился, мол, разве мой отец не знает об этом, ведь он уже больше шестидесяти лет занимается пчеловодством.

Оказалось, что не знает. Очевидно, до этого времени он ни разу не попадал в такую ситуацию. Мне показалось, что, приятель не очень обрадовался моему рассказу, хотя и обещал передать мой совет своему отцу.

А совет был прост. Пока молодая пчелиная матка не начала сеять яйца, ни в коем случае в улей нельзя устанавливать рамки с пчелиными сотами, на которых есть свежие пчелиные яйца.

Всякий раз это будет приводить к уничтожению неплодной матки. Это же правило относится и к пчелиным маточникам. При появлении в улье рамок с сотами со свежими яйцами и расплодом пчелы будут уничтожать маточники.

Возможно, бывают из этого правила исключения. Возможно, именно они помогали старому пчеловоду не попасть в ситуацию, в которой он оказался в этот раз.

Я о таких исключениях не знаю. Мне было достаточно наступить на эти грабли один раз, чтобы больше не повторять таких экспериментов.

А ведь все же, этот случай имеет прямое отношение к моим счастливым пчелам. Посудите сам, если я не попадаю в такую ситуацию уже много лет, значит у моих пчел все в порядке, и если мне нужно вывести молодую матку, то у моих пчел это происходит без описанных выше мучений. Следовательно, жизнь у моих пчел очень даже хороша. Можно ли так утверждать? Думаю, да.

РЕЗЮМЕ

Пока молодая пчелиная матка не начала сеять яйца, ни в коем случае в улей нельзя устанавливать пчелиные соты со свежим посевом. Это же правило относится и к пчелиным маточникам. Всякий раз такое действие будет приводить к уничтожению неплодной матки или пчелиных маточников [15,16,17,18].

ЗАКЛЮЧИТЕЛЬНЫЕ ОБОБЩЕНИЯ

Мои пчелы самые счастливые пчелы. Об этом я неоднократно говорил в течение всей своей короткого рассказа. Надеюсь, что эта история о моих пчел и обо мне, была для Вас познавательной, содержательной, интересной и, возможно, даже иногда веселой.

Мне хотелось поделиться с Вами своими находками, приемами, методами и взглядами, которые помогли мне сделать своих пчел добрыми, дружелюбными, эффективными в работе, спокойными и, несомненно, счастливыми.

Я абсолютно уверен в том, что все мои приемы имеют универсальный характер. Поэтому их можно, в той или иной степени, применять к ульям любой конструкции, на любых пасеках и в любых условиях.

На протяжении всего повествования я пытался обратить Ваше внимание на некоторые важные моменты практического пчеловодства, которые, по сути своей, являются фундаментальными для пчелиного благополучия.

Удалось мне это? Судить Вам. Ваше право воспользоваться этими находками или нет, но от этого смысл и важность моих подходов не уменьшится. Для меня и моих пчел, то уж точно.

Все они проверены на практике и принесли мне и моим пчелам счастливое сосуществование. Я с радостью и с любовью в сердце, дарю их Вам.

С Вашего разрешения, я коротко перечислю все то, что я сделал для своих пчел:
- ✓ Я покрасил ульи правильной краской и достиг тем самым, нескольких важных целей. Защитил корпус улья от неблагоприятных климатических воздействий, позволил ему "дышать", защитил пчелиную семью от влияния электрических полей, упростил пчелам пространственную ориентацию и обеспечил улью красивый эстетический вид.
- ✓ Я установил ульи оптимальным способом. Что позволило увеличить рабочее время пчел, исключить неблагоприятное геопатогенное влияние, защитить пчел от перегрева в жаркие дни и уменьшить воздействие на пчел атмосферного электричества.
- ✓ При извлечении меда из ульев я не создаю чрезмерного беспокойства пчелиным семьям. Для этого провожу предварительную подготовку и использую принцип медиков - "не навреди". При этом никогда не извлекаю весь мед.
- ✓ Моя пчелиная поилка помогает мне проводить экспресс-анализ состояния пчелиных семей, а пчелам позволяет легко и удобно приносить воду в улей.
- ✓ Мой метод переноса ульев облегчает жизнь мне и моим пчелам. Они спокойно воспринимают эту процедуру.
- ✓ Мое объяснение процесса роения пчел позволяет пчеловоду занять активную позицию осознанного действия, на основании понимания причин этого явления. Это объяснение дает

возможность пчеловоду создать комфортные условия проживания для своих пчел, и сознательно предотвращать роевое состояния пчелиных семей.
- ✓ И наконец, корм, приготовленный на основе отвара травы Тимьян (Thýmus serpýllum) вкусный и полезный. При этом он работает, как универсальное средство для предотвращения пчелиных болезней.

А еще мне хотелось обратить Ваше внимание на то, что идея разведения пчел для улучшения окружающей природы не лишена смысла и имеет право на существование.

Такой подход не требует отказа от получения меда, нет. Он в корне меняет отношения между пчеловодом и пчелами. При таком отношении пчела становится центром внимания, а мед - результатом ее действия.

Этот подход позволил мне сделать своих пчел счастливыми. Они спокойно выполняют задачи по гармонизации окружающей природы. Мне же приятно осознавать свою причастность к пчелиной магии, которая наполняет мир любовью и гармонией жизни.

Предлагаю не смотреть на пчел, как на инструмент для получения меда. Наши пчелы - наши хорошие и верные друзья.

Давайте вместе с ними, по мере своих сил и способностей, делать наш мир лучше. Что Вы на это скажете? Мне лично такая идея по душе.

Буду рад, если мне удалось обратить Ваше внимание на важные моменты из которых состоит пчелиное счастья.

Пусть ваши пчелы будут счастливы, а окружающий мир лучше. Сделайте своих пчел счастливыми, и они откроют Вам Радость Жизни!

Желаю Вам и Вашим пчелам счастья, добра и здоровья.

Чтобы лучше в Мире жилось

###

ПОСЛЕСЛОВИЕ

Вот и закончилась история о том, как я сделал своих пчел счастливыми. Я искренне благодарю Вас за то, что вы прочли мою книгу до конца. Надеюсь на то, что Вы нашли для себя и для своих пчел, те или иные, полезные сведенья.

Я буду благодарен, если Вы выберете время чтобы написать свой отзыв о моей работе и о моих подходах к делу пчеловода. Ваше мнение для меня столь же важно, как и забота пчеловода, для пчел.

Ваши мнения могут помочь другим пчеловодам познакомится с моей книгой. Я надеюсь на то, что это увеличит количество счастливых пчел в нашем Мире.

Желаю всем Вам, мои дорогие, читатели, здоровых и счастливых пчел, ароматного меда и синего неба.

С уважением и любовью к Вам
Peter Grayman.

Непростая работа – улучшать Мир.
Нужно и отдохнуть

О АВТОРЕ

Peter Greyman – это мой литературный псевдоним. Дословно я его трактую как Петр Седой Человек. Почему так? Потому, что я действительно седой человек.

Я инженер, меня с детства тянуло к технике, к приборам и радиодеталям. После службы в армии я окончил колледж по специальности технология микроэлектронных устройств, а затем университет по специальности квантовая радиофизика. Работать приходилось в различных инженерных группах и лабораториях.

Довелось участвовать в Международном космическом проекте "Фобос", в группе по изготовлению некоторых узлов и блоков солнечного телескопа. Телескоп был смонтирован на спутнике "Фобос-1" и отлично выполнил свою миссию по исследованию Солнца по дороге к Марсу.

Я совсем не собирался становиться пчеловодом. Однако жизнь распорядилась по-другому. Теперь я пчеловод любитель. Я прошел путь от начинающего, до пчеловода, который держит своих пчел для того, чтобы в мире лучше жилось.

Красавица и Солнце

Литература

1. Natural electric field of the Earth https://en.wikiversity.org/wiki/Natural_electric_field_of_the_Earth, Natural electric field of the Earth https://encyclopedia2.thefreedictionary.com/Electric+Field+of+the+Earth
2. Atmospheric electricity https://en.wikipedia.org/wiki/Atmospheric_electricity
3. Aplin, K. L.; Harrison, R. G. (2013-09-03). Lord Kelvin's atmospheric electricity History of Geo- and Space Sciences. https://www.hist-geo-space-sci.net/4/83/2013/hgss-4-83-2013.htmlmeasurements.
4. Fricke, Rudolf G. A.; Schlegel, Kristian (2017-01-04). «Julius Elster and Hans Geitel – Dioscuri of physics and pioneer investigators in atmospheric electricity». History of Geo- and Space Sciences https://www.hist-geo-space-sci.net/8/1/2017/.
5. Jean-Louis Le Mouël, Dominique Gibert, Jean-Paul Poirier (2010). «On transient electric potential variations in a standing tree and atmospheric electricity». Comptes Rendus Geoscience 342: 95-9. Retrieved 2014-12-13. http://citeseerx.ist.psu.edu/viewdoc/download;jsessionid=5E2E5F96F124189FE599340E522C9B5C?doi=10.1.1.714.497&rep=rep1&type=pdf
6. R. S. Pickard «Bees, magnetism and electricity» [1977] Pickard, R. S. Central Association of Bee-keepers [Corporate Author]

7. Barbarovich Yu.K. Hives, bees and an electric field / A.N. Ivlev «In the wonderful world of bees», Lenizdat, 1988., http://www.paseka.org/v-chudesnom-mire-pchyol/read#76

8. Bumble-bees use their fuzz to detect electric fields http://physicsworld.com/cws/article/news/2016/jun/07/bumblebees-use-their-fuzz-to-detect-electric-fields

9. Bees and electric field http://www.emfs.info/effects/agriculture/bees/

10. Ernst Hartm ann: Journal weather-ground-human, issue 5-2002, How it all began - The importance of the pathogenic irritation lines in the medical practice.

11. The magnetic field of the earth Lattice structures of the earth magnetic field, http://erdmagnetfeld.pimath.de/global_grids.html Copyright © Klaus Piontzik

12. Earth Rays , https://swissharmony.com/earth-rays/

13. GEOPATHIC STRESS by Richard Creightmore, https://www.landandspirit.net/html/geopathic_stress.html

14. Geopathic Stress and the Optimal Location of Beehives according to the Principles of Geomancy, https://www.landandspirit.net/html/beehive-location.html

15. Bees get a buzz out of electricity from flowers https://www.mnn.com/earth-matters/animals/stories/bees-get-a-buzz-out-of-electricity-from-flowers

16. Bees Can Sense the Electric Fields of Flowers http://phenomena.nationalgeographic.com/2013/02/21/bees-can-sense-the-electric-fields-of-flowers/

17. Walsh, Bryan (7 May 2013). «Beepocalypse Redux: Honeybees Are Still Dying — and We Still Don't Know Why». Time Science and Space. Time Inc. Retrieved 21 June 2013. http://science.time.com/2013/05/07/beepocalypse-redux-honey-bees-are-still-dying-and-we-still-dont-know-why/

18. Beekeeping collection at the National Library of Scotland https://digital.nls.uk/moir/

19. Villa, José D. (2004). «Swarming Behavior of Honey Bees (Hymenoptera: Apidae) in Southeastern Louisiana». Annals of the Entomological Society of America. 97 (1): 111–116. doi:10.1603/0013-8746(2004)097[0111:SBOHBH]2.0.CO;2 https://academic.oup.com/aesa/article/97/1/111/11469

20. Avitabile, A.; Morse, R. A.; Boch, R. (November 1975). «Swarming honey bees guided by pheromones». Annals of the Entomological Society of America. 68 (6): 1079–1082. DOI:10.1093/aesa/68.6.1079 https://academic.oup.com/aesa/article/68/6/1079/47316

21. Seeley, Thomas D.; Visscher, P. Kirk (September 2003). «Choosing a home: How the scouts in a honey bee swarm perceive the completion of their group decision making». http://bees.ucr.edu/reprints/bes54.pdf

22. Biolocation, Dowsing https://wikivisually.com/wiki/Dowsing, https://en.wikipedia.org/wiki/Dowsing

ДЛЯ ЗАМЕТОК

www.ingramcontent.com/pod-product-compliance
Lightning Source LLC
Chambersburg PA
CBHW040318220526
45473CB00009B/2483